ABHANDLUNGEN DER DEUTSCHEN AKADEMIE DER WISSENSCHAFTEN ZU BERLIN

Klasse für Mathematik und allgemeine Naturwissenschaften
Jahrgang 1951 Nr. 2

HELMUT HASSE

REIN-ARITHMETISCHER BEWEIS DES SIEGELschen ENDLICHKEITSSATZES FÜR BINÄRE DIOPHANTISCHE GLEICHUNGEN IM SPEZIALFALL DES GESCHLECHTS 1

1952

AKADEMIE-VERLAG BERLIN

Vorgelegt in der Gesamtsitzung am 28. Juni 1951

Zum Druck genehmigt am gleichen Tage, ausgegeben am 15. Februar 1952

Erschienen im Akademie-Verlag GmbH., Berlin NW 7, Schiffbauerdamm 19
Lizenz Nr. 202 · 100/97/51
Satz und Druck: Deutsche Wertpapier-Druckerei VEB, Leipzig, III/18/185
Bestell- und Verlagsnummer: 2001/51/I/2
Preis: 2,— DM

Inhalt

Seite

Einleitung 4

§ 1. Birational-invariante Formulierung des Siegelschen Endlichkeitssatzes . . . 7

§ 2. Unterordnung des Siegelschen Endlichkeitssatzes unter eine divisorentheoretische Behauptung mittels der Weilschen Distributionenlehre 8

§ 3. Reduktion der zu widerlegenden Annahme mittels des schwachen Weilschen Endlichkeitssatzes 9

§ 4. Wahl des Bezugsprimdivisors 10

§ 5. Ansatz zur Approximation 12

§ 6. Herleitung einer Approximationsaussage 15

§ 7. Gegenüberstellung der Approximationsaussage mit dem Thue-Siegelschen Satz 17

Literaturverzeichnis 19

Einleitung

Man verdankt *Siegel* [3] das für die Theorie der diophantischen Gleichungen grundlegende Ergebnis:

Siegelscher Endlichkeitssatz. *Jede irreduzible binäre diophantische Gleichung $f(x, y) = 0$ eines Geschlechts $g \geqq 1$ mit Koeffizienten aus einem endlich-algebraischen Zahlkörper Ω besitzt höchstens endlich viele Lösungen $(x, y) \to (a, b)$ in ganzen Zahlen a, b aus Ω.*

In den Siegelschen Beweis dieses Endlichkeitssatzes gehen folgende drei Dinge ein:

(1.) Die analytische Theorie der Abelschen Funktionen zu dem durch die (ohne Einschränkung absolut-irreduzible) Grundgleichung $f(x, y) = 0$ über Ω definierten algebraischen Funktionenkörper $K = \Omega(x, y)$, und zwar genauer die sogenannte Teilungstheorie dieser Abelschen Funktionen. In dem von Siegel gesondert vorausgenommenen Spezialfall des Geschlechts $g = 1$ handelt es sich um die Teilungstheorie der elliptischen Funktionen.

(2.) Der Endlichkeitssatz von *Weil* [2] für den Rang des Moduls der g-gliedrigen über Ω rationalen Punktgruppen der durch $f(x, y) = 0$ definierten algebraischen Kurve. Sein Beweis wurzelt ebenfalls in der analytischen Teilungstheorie der Abelschen Funktionen zu K. Im Spezialfall $g = 1$ stammt der Satz schon von *Mordell* [1], mit einem auf die klassischen Zweiteilungsformeln der elliptischen Funktionen gestützten Beweis, der ohne weiteres in die rein-arithmetische Theorie der elliptischen Funktionenkörper übersetzbar, also frei von Analysis durchführbar ist.

(3.) Eine von Siegel eigens für diesen Zweck entwickelte Methode zu Schlußfolgerungen aus einer simultanen Approximation endlich vieler algebraischer Zahlen durch Folgen algebraischer Zahlen eines festen Körpers Ω. Diese bei Siegel in den Beweis verwobene Approximationsmethode habe ich in einer früheren Arbeit [4] als einen allgemeinen Approximationssatz herausgearbeitet und dessen Beweis in von der Anwendung unabhängiger Form entwickelt. Im Spezialfall $g = 1$ handelt es sich um den bekannten Thue-Siegelschen Satz über die Approximation einer algebraischen Zahl durch eine Folge algebraischer Zahlen eines festen Körpers Ω.

Es ist mir seit Erscheinen der Siegelschen Arbeit wünschenswert erschienen, den seinem Inhalt nach rein-arithmetischen Siegelschen Endlichkeitssatz auch rein-arithmetisch zu beweisen. Dazu wäre die in (1.) und (2.) erfolgende Heranziehung analytischer Methoden zu vermeiden, während die Approximationsmethodik aus (3.), die in der Betrachtung bei archimedischen Bewertungen konvergenter Folgen algebraischer Zahlen besteht, als ein der Aufgabe durchaus adäquates arithmetisches Hilfsmittel anzusehen ist.

Eine rein-algebraisch-arithmetische Teilungstheorie der Abelschen Funktionenkörper habe ich nun schon vor einiger Zeit entwickelt [5]. Die Beweise zweier dort nur als Vermutungen ausgesprochener Grundtatsachen wurden inzwischen durch *van der Waerden* [7] auf rein-algebraischer Grundlage erbracht. Die Anwendung der damit geschaffenen analysisfreien Methodik zur rein-arithmetischen Durchführung des Beweises für den Weilschen Endlichkeitssatz (2.) und des Hauptschlusses (1.) beim Beweis des Siegelschen Endlichkeitssatzes liegt zwar in ihren Umrissen auf der Hand, erfordert aber in den Einzelheiten noch mancherlei Überlegungen.

Einleitung

Als Ausgangspunkt für die Behandlung des allgemeinen Falles will ich in der vorliegenden Arbeit den Beweis im Spezialfall des Geschlechts $g = 1$ rein-arithmetisch durchführen. Hinsichtlich (2.) kann ich mich dabei auf eine vorangehende Arbeit [6] stützen, in der ich eine mehr systematische und algebraisch durchsichtige Wendung des ursprünglichen Mordellschen Beweises für den Endlichkeitssatz im elliptischen Fall entwickelt habe; eine Verallgemeinerung dieser Methode auf höheres Geschlecht gab übrigens kürzlich *Northcott* [8]. Grundlage dieser Methode ist die von Weil zum Beweis seines Endlichkeitssatzes geschaffene und auch für den Siegelschen Beweis grundlegende Distributionenlehre, deren Spezialfall $g = 1$ ich in der oben angeführten Arbeit [5] mit den Mitteln und in der Sprache der arithmetischen Theorie der algebraischen Funktionenkörper dargestellt habe. Sie hat dadurch ein mehr kalkülmäßiges Gesicht bekommen, das sich schon bei der Durchführung des Endlichkeitsbeweises (2.) in durchsichtiger und algebraisch eleganter Gestalt sehr bewährt hat und dies dann auch bei der rein-arithmetischen Durchführung des Hauptschlusses (1.) tun wird.

§ 1. Birational-invariante Formulierung des Siegelschen Endlichkeitssatzes

Die in der Einleitung angegebene Formulierung des Siegelschen Endlichkeitssatzes ist nicht birational-invariant. Schon *Siegel* selbst gab eine jedenfalls bei ganzen linearen Transformationen $x \to \alpha x + \alpha'$, $y \to \beta x + \beta'$ $(\alpha, \beta \neq 0)$ über Ω invariante Formulierung, die sich auf Grund einer geeigneten solchen Transformation (mit $\alpha', \beta' = 0$) leicht als der obigen äquivalent erweist:

Jede irreduzible binäre diophantische Gleichung $f(x, y) = 0$ eines Geschlechts $g \geqq 1$ mit Koeffizienten aus einem endlich-algebraischen Zahlkörper Ω besitzt höchstens endlich viele Lösungen $(x, y) \to (a, b)$ in Zahlen a, b aus Ω derart, daß die Nenner der Zahlen a beschränkt sind.

Letzteres soll bedeuten, daß die Nennerdivisoren der Zahlen a aus Ω sämtlich Teiler eines festen, ganzen Divisors von Ω sind. Hinsichtlich der Unsymmetrie der Aussage beachte man, daß dann zufolge der algebraischen Gleichung $f(a, b) = 0$ über Ω von selbst auch die Nenner der Zahlen b aus Ω beschränkt sind.

Zu einer bei allen birationalen Transformationen über Ω invarianten Formulierung gelangt man durch Einführung des Punktbegriffs an Stelle des Lösungsbegriffs. Man kann zunächst ohne Einschränkung, indem man den Grundkörper Ω durch eine geeignete endlich-algebraische Erweiterung ersetzt denkt, das Polynom $f(x, y)$ als absolut-irreduzibel voraussetzen, so daß durch

$$K = \Omega(x, y) \quad \text{mit} \quad f(x, y) = 0$$

ein algebraischer Funktionenkörper einer Unbestimmten mit Ω als dem genauen Konstantenkörper definiert wird. Bekanntlich (siehe [5], § 3, 6) entsprechen dann, von beiderseits endlich vielen Ausnahmen abgesehen, die Lösungen $(x, y) \to (a, b)$ von $f(x, y) = 0$ mit a, b aus Ω eineindeutig den Primdivisoren ersten Grades $\mathfrak{p}$ oder — was dasselbe[1] — den rationalen Punkten $\mathfrak{p}$ von K/Ω, vermöge der Bildung der konstanten Reste

$$x \equiv a, \quad y \equiv b \bmod \mathfrak{p}$$

oder — anders geschrieben — der Werte

$$x(\mathfrak{p}) = a, \quad y(\mathfrak{p}) = b$$

von x, y für $\mathfrak{p}$. Für die in Rede stehende Endlichkeitsaussage ist es daher einerlei, ob man von Lösungen a, b in Ω der Grundgleichung $f(x, y) = 0$ oder rationalen Punkten $\mathfrak{p}$ des Funktionenkörpers K/Ω spricht.

Nun erhält man die sämtlichen birational-äquivalenten Erzeugungen von K/Ω, indem man in K irgendein nicht-konstantes, d. h. nicht zu Ω gehöriges Element z und dazu irgend-

---

[1] Diese Äquivalenz besteht für den hier allein zu betrachtenden algebraischen Funktionenkörper K/Ω. In dem bei der Verallgemeinerung der späteren Schlüsse vom Spezialfall $g = 1$ auf höheres Geschlecht g außerdem heranzuziehenden Abelschen Funktionenkörper zu K/Ω (siehe [5], §§ 5, 7) sind die Primdivisoren ersten Grades (Dimension $g - 1$) von den rationalen Punkten (Dimension 0) zu unterscheiden. Ich verwende die beiden für K/Ω gleichbedeutenden Ausdrücke im folgenden immer so, wie es der Verallgemeinerung auf höheres Geschlecht entspricht.

ein primitives Element w für die dann endlich-algebraische Erweiterung $K/\Omega(z)$ wählt, in der Gestalt

$$K = \Omega(z, w) \quad \text{mit} \quad g(z, w) = 0,$$

wo $g(z, w)$ das zu w gehörige über $\Omega(z)$ irreduzible Polynom in bezüglich z primitiver Normierung ist. Die in Rede stehende Endlichkeitsaussage wird dann auch für jede solche Gleichung $g(z, w) = 0$ behauptet.

Hiernach hat man die folgende, zu der ursprünglichen äquivalente, birational-invariante Formulierung des Siegelschen Endlichkeitssatzes:

Birational-invarianter Siegelscher Endlichkeitssatz. *Für jedes nicht-konstante Element z eines algebraischen Funktionenkörpers K einer Unbestimmten vom Geschlecht $g \geqq 1$ mit endlich-algebraischem Konstantenkörper Ω gibt es höchstens endlich viele rationale Punkte $\mathfrak{p}$ von K/Ω derart, daß die Werte $z(\mathfrak{p})$ aus Ω sämtlich beschränkte Nenner haben.*

Im folgenden bezeichne $\mathfrak{p}$ durchweg rationale Punkte von K/Ω, und eine Aussage wie die des Hauptsatzes werde kurz in der Form mitgeteilt:

$z(\mathfrak{p})$ nennerbeschränkt für höchstens endlich viele $\mathfrak{p}$.

§ 2. Unterordnung des Siegelschen Endlichkeitssatzes unter eine divisorentheoretische Behauptung mittels der Weilschen Distributionenlehre

Mittels des Hauptsatzes der Weilschen Distributionenlehre (siehe [5], § 9, **5**, **7**) läßt sich die Aussage des Siegelschen Endlichkeitssatzes über die nicht-konstanten Elemente z von K/Ω einer Behauptung über die vom Einsdivisor verschiedenen ganzen Divisoren $\mathfrak{u}$ von K/Ω unterordnen.

Sei dazu in reduzierter Divisorbruchdarstellung

$$z \cong \frac{\mathfrak{v}}{\mathfrak{u}} \quad \text{mit} \quad (\mathfrak{u}, \mathfrak{v}) = 1,$$

wobei wegen der Nichtkonstanz von z sicher $\mathfrak{u} \neq 1$ ist. Nach dem Hauptsatz für zahlnormierte Distributionen gibt es dann Zahlnormierungen $\mathfrak{u}(\mathfrak{p})$, $\mathfrak{v}(\mathfrak{p})$ der den ganzen Divisoren $\mathfrak{u}, \mathfrak{v}$ zugeordneten ganzen Distributionen derart, daß für alle $\mathfrak{p} \nmid \mathfrak{u}$ entsprechend

$$z(\mathfrak{p}) = \frac{\mathfrak{v}(\mathfrak{p})}{\mathfrak{u}(\mathfrak{p})} \quad \text{mit} \quad (\mathfrak{u}(\mathfrak{p}), \mathfrak{v}(\mathfrak{p})) \doteq 1$$

gilt[1]. Nimmt man nun an, daß entgegen der Behauptung des Hauptsatzes

$z(\mathfrak{p})$ nennerbeschränkt für unendlich viele $\mathfrak{p}$

ist, so folgt aus der Quotientendarstellung:

$\mathfrak{u}(\mathfrak{p}) \,\dot{|}\, \mathfrak{v}(\mathfrak{p})$ für unendlich viele $\mathfrak{p}$,

so daß wegen der Teilerfremdheit notwendig gilt:

$\mathfrak{u}(\mathfrak{p}) \doteq 1$ für unendlich viele $\mathfrak{p}$.

[1] Der Punkt über dem Gleichheitszeichen bedeutet die Distributionengleichheit (siehe [5], § 9, **4**), d. h. die Gleichheit bis auf Faktoren aus einem endlichen, nur von $\mathfrak{u}, \mathfrak{v}$ (nicht von $\mathfrak{p}$) abhängigen Divisorvorrat aus Ω. Im folgenden wird auch bei anderen Relationszeichen ein Punkt darübergesetzt, wenn diese in der Distributionengleichheit angepaßtem Sinne verstanden werden sollen, z. B. gleich anschließend bei der Teilbarkeitsrelation. Durch diese abgekürzte Bezeichnungsweise wird die Mitführung unwesentlicher Konstanten vermieden, was sehr zur Erhöhung der Durchsichtigkeit beiträgt.

Hiernach ordnet sich die Aussage des Siegelschen Endlichkeitssatzes der folgenden divisorentheoretischen Behauptung unter:

Divisorentheoretischer Endlichkeitssatz. *Für jeden ganzen Divisor* $\mathfrak{u} \neq 1$ *eines algebraischen Funktionenkörpers* K *einer Unbestimmten vom Geschlecht* $g \geqq 1$ *mit endlich-algebraischem Konstantenkörper* Ω *gibt es höchstens endlich viele rationale Punkte* $\mathfrak{p}$ *von* K/Ω *derart, daß die ihnen entsprechenden Distributionswerte* $\mathfrak{u}(\mathfrak{p})$ *beschränkte Zähler und Nenner haben.*

Kurz:

$$\mathfrak{u}(\mathfrak{p}) \doteq 1 \quad \textit{für höchstens endlich viele } \mathfrak{p}.$$

Dieser im folgenden für den Spezialfall des Geschlechts $g = 1$ zu beweisende Endlichkeitssatz schließt insbesondere aus, daß für einen ganzen Divisor $\mathfrak{u} \neq 1$ von K/Ω die Beziehung $\mathfrak{u}(\mathfrak{p}) \doteq 1$ für alle $\mathfrak{p}$ gilt, und enthält somit die folgende interessante Ergänzung zu den Sätzen der Weilschen Distributionenlehre:

Einssatz für Distributionen. *In einem algebraischen Funktionenkörper* K *einer Unbestimmten vom Geschlecht* $g \geqq 1$ *mit endlich-algebraischem Konstantenkörper* Ω *liefert kein vom Einsdivisor verschiedener ganzer Divisor von* K/Ω *die Einsdistribution in* Ω.

Für den Beweis des divisorentheoretischen Endlichkeitssatzes ist es zweckmäßig, zwei einfache Reduktionen vorauszuschicken.

Erstens genügt es auf Grund der Homomorphie der Teilbarkeit bei Distributionen (siehe [5], § 9, **3**), statt beliebiger ganzer Divisoren $\mathfrak{u} \neq 1$ nur Primdivisoren $\mathfrak{z}$ von K/Ω zu betrachten.

Zweitens kann man sich auf Grund des Übergangs zu einer geeigneten endlich-algebraischen Konstantenerweiterung von K/Ω (siehe [5], § 1, **3**), die dann wieder mit K/Ω bezeichnet wird, auf Primdivisoren ersten Grades $\mathfrak{z}_1$ von K/Ω beschränken.

Hiernach genügt es, für algebraische Funktionenkörper K einer Unbestimmten vom Geschlecht $g \geqq 1$ mit endlich-algebraischem Konstantenkörper Ω die folgende Annahme zum Widerspruch zu führen:

(A_1) *Es gibt einen Primdivisor ersten Grades* $\mathfrak{z}_1$ *von* K/Ω *mit der Eigenschaft:*

$$\mathfrak{z}_1(\mathfrak{p}) \doteq 1 \quad \textit{für unendlich viele } \mathfrak{p}.$$

§ 3. Reduktion der zu widerlegenden Annahme mittels des schwachen Weilschen Endlichkeitssatzes

Von jetzt an sei die Betrachtung auf den Spezialfall beschränkt, daß der algebraische Funktionenkörper K/Ω das Geschlecht $g = 1$ hat, also ein elliptischer Funktionenkörper ist. Die wesentliche Vereinfachung in diesem Spezialfall besteht darin, daß dann K/Ω mit dem zugehörigen Abelschen Funktionenkörper zusammenfällt, während man im allgemeinen Falle den Weilschen Endlichkeitssatz im g-dimensionalen Abelschen Funktionenkörper zu K/Ω anzusetzen hat.

Der Ausgangspunkt für die Widerlegung der Annahme (A_1) besteht darin, daß man aus ihr mittels des Weilschen Endlichkeitssatzes — und zwar genügt dessen schwache, sehr viel einfacher zu beweisende Form (siehe [6], § 4, **1**) — die folgende auf eine willkürliche natürliche Zahl n als Parameter bezogene Aussagenserie folgert:

(A_n) *Es gibt einen ganzen quadratfreien Divisor* $\mathfrak{z}_n$ *von* K/Ω *des Grades* n^2 *mit der Eigenschaft:*

$$\mathfrak{z}_n(\mathfrak{p}) \doteq 1 \quad \textit{für unendlich viele } \mathfrak{p}.$$

Beweis. Nach dem schwachen Weilschen Endlichkeitssatz ist die n-Klassengruppe D/D^n der Divisorenklassengruppe nullten Grades D von K/Ω endlich. Daher zerfallen allgemeiner auch für jeden festen Grad die Divisorenklassen von K/Ω in endlich viele n-Klassen (immer in derselben Anzahl $[D:D^n]$). Von den nach der Annahme (A_1) vorhandenen unendlich vielen $\mathfrak{p}$ mit $\mathfrak{z}_1(\mathfrak{p}) \doteq 1$ liegen demnach in mindestens einer der endlich vielen n-Klassen ersten Grades von K/Ω unendlich viele $\mathfrak{p}$. Sei einer dieser rationalen Punkte $\mathfrak{p}$ von K/Ω (für den Augenblick) als Bezugsprimdivisor $\mathfrak{o}$ gewählt. Dann stellt sich jeder von ihnen in der Form

$$\mathfrak{p} = n_0 \mathfrak{p}' \quad \left(\text{ausführlich: } \frac{\mathfrak{p}}{\mathfrak{o}} \sim \left(\frac{\mathfrak{p}'}{\mathfrak{o}}\right)^n\right)$$

dar, wo n_0 den auf $\mathfrak{o}$ normierten Meromorphismus der n-Multiplikation von K/Ω bedeutet (siehe [6], § 1, 2) und $\mathfrak{p}'$ jeweils wieder ein rationaler Punkt von K/Ω ist. Mit $\mathfrak{p}$ durchläuft dabei auch $\mathfrak{p}'$ unendlich viele rationale Punkte von K/Ω.

Der aus $\mathfrak{z}_1$ durch Anwendung des Meromorphismus n_0 von K/Ω entstehende Primdivisor ersten Grades

$$\mathfrak{z}_n = \mathfrak{z}_1 n_0$$

des Teilkörpers Kn_0/Ω hat, als ganzer Divisor von K/Ω betrachtet, nach dem Zerlegungsgesetz für den n-Teilungskörper K/Kn_0 (siehe [6], § 2, 1) den Grad n^2 und ist quadratfrei. Nach der Restregel für Distributionen (siehe [6], § 1, 4) gilt für ihn die Formel

$$\mathfrak{z}_n(\mathfrak{p}') = (\mathfrak{z}_1 n_0)(\mathfrak{p}') = \mathfrak{z}_1(n_0\mathfrak{p}') = \mathfrak{z}_1(\mathfrak{p}).$$

Aus der für $\mathfrak{z}_1$ vorausgesetzten Eigenschaft in (A_1) folgt demnach für $\mathfrak{z}_n$ die Eigenschaft in (A_n).

Damit ist aus der Annahme (A_1) die Aussagenserie (A_n) gefolgert. Im folgenden wird nunmehr aus (A_n) für festes n eine Approximationsaussage hergeleitet. Diese wird sich dann für hinreichend großes n als im Widerspruch zum Thue-Siegelschen Satz stehend erweisen.

§ 4. Wahl des Bezugsprimdivisors

Um aus der zu widerlegenden Annahme (A_1) auf dem Wege über die Folgenaussage (A_n) eine Approximationsaussage herzuleiten, hat man zunächst einen Bezugsprimdivisor ersten Grades $\mathfrak{o}$ von K/Ω in bestimmter, gleich näher anzugebender Weise zu wählen. Diese Wahl nimmt Bezug auf die einem Primdivisor ersten Grades $\mathfrak{o}$ von K/Ω in geläufiger Weise zugeordnete Erzeugung von K/Ω in der Weierstraßschen Normalform:

$$K = \Omega(x, y) \text{ mit } \left\{\begin{array}{c} x \cong \dfrac{\mathfrak{x}}{\mathfrak{o}^2},\ y \cong \dfrac{\mathfrak{y}}{\mathfrak{o}^3} \\ \mathfrak{x}, \mathfrak{y} \text{ ganze Divisoren} \\ \text{von } K/\Omega \text{ der Grade } 2, 3 \end{array}\right\} \text{ und } \left\{\begin{array}{l} y^2 = 4x^3 - g_2 x - g_3 \\ g_2, g_3 \text{ in } \Omega \\ g_2^3 - 27 g_3^2 \neq 0 \end{array}\right\},$$

die durch $\mathfrak{o}$ im Sinne der Divisorgleichheit $\cong$ eindeutig festgelegt ist (nämlich genau bis auf Substitutionen $x \to \gamma^2 x$, $y \to \gamma^3 y$ mit $\gamma \neq 0$ aus Ω). Ferner stützen sich die an den Bezugsprimdivisor $\mathfrak{o}$ zu stellenden Forderungen auf die in die Aussage (A_n) eingehenden Gegebenheiten:

die natürliche Zahl n,
den ganzen quadratfreien Divisor $\mathfrak{z}_n$ von K/Ω des Grades n^2,
die unendlich vielen rationalen Punkte $\mathfrak{p}$ von K/Ω mit $\mathfrak{z}_n(\mathfrak{p}) \doteq 1$.

Sie lauten:

(a) **Hauptforderung.** *Es gibt eine unendliche Folge von* $\mathfrak{p}$ *mit* $\mathfrak{z}_n(\mathfrak{p}) \doteq 1$, *in welcher die* $\mathfrak{o}$ *zugeordneten Weierstraßschen Erzeugenden* x, y *von* K/Ω *bei jeder archimedischen Bewertung von* Ω *gegen endliche Grenzwerte konvergente Wertfolgen* $x(\mathfrak{p})$, $y(\mathfrak{p})$ *haben.*

Die letztere Eigenschaft werde kurz in der Form mitgeteilt:

$$x(\mathfrak{p}),\ y(\mathfrak{p}) \ \textit{sind total-endlich-konvergent},$$

wobei sich „total" auf die sämtlichen archimedischen Bewertungen von Ω und „endlich" auf die Grenzwerte beziehen soll. In dieser Forderung wird stillschweigend impliziert, daß der Bezugsprimdivisor $\mathfrak{o}$ in der Folge $\mathfrak{p}$ nicht vorkommt, so daß die in Rede stehenden Werte $x(\mathfrak{p})$, $y(\mathfrak{p})$ durchweg endlich sind. Ähnlich impliziert die Beziehung $\mathfrak{z}_n(\mathfrak{p}) \doteq 1$, daß in der Folge $\mathfrak{p}$ kein Primteiler von $\mathfrak{z}_n$ vorkommt, so daß alle $\mathfrak{z}_n(\mathfrak{p}) \neq 0$ sind.

(b) **Nebenforderung.** *Der durch die Äquivalenz*

$\mathfrak{u}_n = \mathfrak{z}_n \mathfrak{r} \sim \mathfrak{o}^{n^2+1}$ ($\mathfrak{r}$ *Primdivisor ersten Grades von* K/Ω)

eindeutig festgelegte ganze Divisor $\mathfrak{u}_n$ *von* K/Ω *des Grades* n^2+1 *enthält* $\mathfrak{o}$ *nicht und ist quadratfrei, was auf die drei Bedingungen*

$$\mathfrak{o} \nmid \mathfrak{z}_n, \quad \mathfrak{z}_n \neq \mathfrak{o}^{n^2}, \quad \mathfrak{r} \nmid \mathfrak{z}_n$$

hinausläuft.

Es soll jetzt gezeigt werden, daß eine diesen beiden Forderungen genügende Wahl des Bezugsprimdivisors ersten Grades $\mathfrak{o}$ möglich ist.

Ad (a). Man gehe von irgendeinem Bezugsprimdivisor ersten Grades $\mathfrak{o}_0$ von K/Ω aus; daß ein solcher vorhanden ist, ist auf Grund der Annahme (A_1) klar, nach der ja sogar unendlich viele Primdivisoren ersten Grades $\mathfrak{p}$ von K/Ω für $\mathfrak{o}_0$ zur Verfügung stehen. Aus der in der Aussage (A_n) gegebenen unendlichen Menge von $\mathfrak{p}$ mit $\mathfrak{z}_n(\mathfrak{p}) \doteq 1$ wähle man dann, was auf Grund des Häufungsstellensatzes möglich ist, eine unendliche Teilfolge $\mathfrak{p}$ derart aus, daß in ihr die $\mathfrak{o}_0$ zugeordneten Weierstraßschen Erzeugenden x_0, y_0 von K/Ω total-konvergente Wertfolgen $x_0(\mathfrak{p})$, $y_0(\mathfrak{p})$ haben. Es kann sein, daß dabei bereits alle Grenzwerte endlich sind; dann leistet schon $\mathfrak{o} = \mathfrak{o}_0$ das Verlangte.

Da es aber für die nachher zu besprechende gleichzeitige Erfüllung der Nebenforderung (b) darauf ankommt, unendlich viele die Hauptforderung (a) erfüllende $\mathfrak{o}$ zur Verfügung zu haben, wähle man ohne Rücksicht darauf, ob $\mathfrak{o} = \mathfrak{o}_0$ schon das Verlangte leistet oder nicht, in jedem Falle weiter einen Primdivisor ersten Grades $\mathfrak{o} \neq \mathfrak{o}_0$ von K/Ω derart, daß der (dann sicher endliche) Wert $x_0(\mathfrak{o}) = a$ von den sämtlichen (nur endlich vielen) Grenzwerten der Wertfolge $x_0(\mathfrak{p})$ verschieden ist; das geht in der Tat auf unendlich viele Weisen, weil wie eben unendliche viele Primdivisoren ersten Grades $\mathfrak{p}$ von K/Ω für $\mathfrak{o}$ zur Verfügung stehen und bei festem Wert $x_0(\mathfrak{o}) = a$ jeweils nur zwei Möglichkeiten für $\mathfrak{o}$ bestehen, nämlich neben $\mathfrak{o}$ nur noch der durch $x_0 - a \cong \frac{\mathfrak{o}\mathfrak{o}'}{\mathfrak{o}_0^2}$ festgelegte, in bezug auf $\Omega(x_0)$ konjugierte Primdivisor ersten Grades $\mathfrak{o}'$ von K/Ω.

Bei derartiger Wahl einer Teilfolge $\mathfrak{p}$ und eines Bezugsprimdivisors ersten Grades $\mathfrak{o}$ von K/Ω gilt nun für die erste zugehörige Weierstraßsche Erzeugende einerseits

$$(1.) \qquad x \cong \frac{\mathfrak{x}}{\mathfrak{o}^2} \ \text{hängt ganz-algebraisch von}\ v = \frac{1}{x_0 - a} \cong \frac{\mathfrak{o}_0^2}{\mathfrak{o}\mathfrak{o}'}\ \text{ab,}$$

weil ja x nun für den (einen) Nennerteiler $\mathfrak{o}$ von v gebrochen ist, und konstruktionsgemäß andrerseits:

$$(2.) \qquad v(\mathfrak{p}) \ \text{ist total-endlich-konvergent.}$$

Aus diesen Tatsachen (1.), (2.) folgt, daß die Wertfolge $x(\mathfrak{p})$ total-beschränkt ist. Ist nämlich

$$1 + \frac{g_1(v)}{x} + \cdots + \frac{g_r(v)}{x^r} = 0$$

mit Polynomen $g_i(v)$ über Ω die gemäß (1.) ganz-algebraische Gleichung für x über $\Omega(v)$, durch ihr höchstes Glied dividiert, so würde aus der Unbeschränktheit von $x(\mathfrak{p})$ bei einer der archimedischen Bewertungen von Ω, also aus der Existenz einer Teilfolge $\mathfrak{p}$ mit $\frac{1}{x(\mathfrak{p})} \to 0$ bei dieser Bewertung, im Hinblick auf die nach (2.) bestehende Konvergenz der Koeffizientenwertfolgen $g_i(v(\mathfrak{p}))$ gegen endliche Grenzwerte der Widerspruch $1 = 0$ folgen. Bei erneutem Übergang zu einer geeigneten unendlichen Teilfolge $\mathfrak{p}$ ist demnach die Wertfolge $x(\mathfrak{p})$ total-endlich-konvergent, wie verlangt.

Da die zweite zu $\mathfrak{o}$ gehörige Weierstraßsche Erzeugende y ganz-algebraisch von x abhängt, folgt dann wie eben, daß bei nochmaligem Übergang zu einer geeigneten unendlichen Teilfolge $\mathfrak{p}$ auch die Wertfolge $y(\mathfrak{p})$ total-endlich-konvergent ist, wie verlangt.

Ad (b). Die Wahl des Bezugsprimdivisors ersten Grades $\mathfrak{o}$ gemäß der Hauptforderung (a) ist, wie im Beweis hervorgehoben, auf unendlich viele Weisen möglich.

Von den drei Bedingungen der Nebenforderung (b) ist daher zunächst sicher die erste $\mathfrak{o} \nmid \mathfrak{z}_n$ erfüllbar.

Ebenso ist auch die zweite Bedingung $\mathfrak{z}_n \not\sim \mathfrak{o}^{n^2}$ erfüllbar; denn die Äquivalenz $\mathfrak{z}_n \sim \mathfrak{o}^{n^2}$ hat, als Gleichung für die Klassen Z, O von $\frac{\mathfrak{z}_n}{\mathfrak{o}_0^{n^2}}$, $\frac{\mathfrak{o}}{\mathfrak{o}_0}$ geschrieben, die Form $Z = O^{n^2}$, eine Gleichung, die in der Divisorenklassengruppe nullten Grades von K/Ω höchstens n^4 Lösungen besitzt ([6], § 2, 1), so daß die in Rede stehende Äquivalenz durch höchstens n^4 Primdivisoren ersten Grades $\mathfrak{o}$ von K/Ω erfüllt wird.

Und ebenso ist auch noch die dritte Bedingung $\mathfrak{r} \nmid \mathfrak{z}_n$ erfüllbar; denn die Äquivalenz $\mathfrak{z}_n \mathfrak{r} \sim \mathfrak{o}^{n^2+1}$ wird, wenn man in ihr als $\mathfrak{r}$ einen der höchstens n^2 Primteiler ersten Grades von $\mathfrak{z}_n$ nimmt, analog wie eben jeweils durch höchstens $(n^2+1)^2$ Primdivisoren ersten Grades $\mathfrak{o}$ von K/Ω erfüllt.

Damit ist der Beweis für die gleichzeitige Erfüllbarkeit der Forderungen (a) und (b) erbracht.

§ 5. Ansatz zur Approximation

Ausgangspunkt für die Herleitung der gewünschten Approximationsaussage, die zum Thue-Siegelschen Satz im Widerspruch steht, ist das Element

$$u_n \cong \frac{\mathfrak{u}_n}{\mathfrak{o}^{n^2+1}} = \frac{\mathfrak{z}_n \mathfrak{r}}{\mathfrak{o}^{n^2+1}}$$

aus K, das durch den in der Aussage (A_n) gegebenen ganzen quadratfreien Divisor $\mathfrak{z}_n$ des Grades n^2 und den ausgewählten Bezugsprimdivisor ersten Grades $\mathfrak{o}$ von K/Ω nach dem in der Nebenforderung (b) angegebenen Schema festgelegt ist (eindeutig im Sinne der Divisorgleichheit $\cong$). Als Element aus $K = \Omega(x, y)$ mit nur $\mathfrak{o}$ im Nenner ist u_n ein Polynom in x, y über Ω. In der unendlichen Folge $\mathfrak{p}$ mit $\mathfrak{z}_n(\mathfrak{p}) \doteq 1$ aus der Hauptforderung (a) ist daher die Wertfolge $u_n(\mathfrak{p})$ total-endlich-konvergent.

Nach dem Hauptsatz für zahlnormierte Distributionen hat man

$$\mathfrak{u}_n(\mathfrak{p}) = \frac{\mathfrak{z}_n(\mathfrak{p})\, \mathfrak{r}(\mathfrak{p})}{\mathfrak{o}(\mathfrak{p})^{n^2+1}}.$$

Die Eigenschaft $\mathfrak{z}_n(\mathfrak{p}) \doteq 1$, die definitionsgemäß eine Beschränktheit für die Zahlen $\mathfrak{z}_n(\mathfrak{p})$ aus Ω der Teilbarkeit nach bedeutet, hat nun die Beschränktheit der Größe nach für die Absolutnormen $N(\mathfrak{z}_n(\mathfrak{p}))$ zur Folge, also in einer der Distributionengleichheit $\doteq$ nachgebildeten abgekürzten Bezeichnungsweise (Vermeidung der Mitführung unwesentlicher Konstanten):

$$|N(\mathfrak{z}_n(\mathfrak{p}))| \mathrel{\dot{\leqq}} 1.$$

Genauer folgt sogar die beiderseitige Abschätzung $|N(\mathfrak{z}_n(\mathfrak{p}))| \doteq 1$ (mit positiven Konstanten); doch kommt es hier nur auf die obere Abschätzung an.

Demnach besteht für die Wertfolge $u_n(\mathfrak{p})$ des zugrundegelegten Elements u_n in einer unendlichen Folge $\mathfrak{p}$ die Normabschätzung

$$\text{(U)} \qquad |N(u_n(\mathfrak{p}))| \mathrel{\dot{\leqq}} \frac{|N(\mathfrak{r}(\mathfrak{p}))|}{|N(\mathfrak{o}(\mathfrak{p}))|^{n^2+1}}.$$

Hieraus soll jetzt gefolgert werden, daß in dieser Folge $N(u_n(\mathfrak{p})) \to 0$ gilt, und zwar mit der Restabschätzung

$$\text{(R)} \qquad |N(u_n(\mathfrak{p}))| \mathrel{\dot{\leqq}} (H(x(\mathfrak{p})))^{-\frac{n^2}{2}+\varepsilon} \quad \text{für jedes } \varepsilon > 0,$$

wo $H(x(\mathfrak{p}))$ die Höhe der Zahl $x(\mathfrak{p})$ aus Ω bedeutet (siehe [5], § 9, 8); bei ausführlicher Schreibweise dieser Abschätzung ist natürlich der konstante Faktor rechts als von ε abhängig anzusetzen.

Weil $x(\mathfrak{p})$ unendlich viele verschiedene Werte durchläuft — ein fester Wert $x(\mathfrak{p})$ kommt bei höchstens zwei Punkten $\mathfrak{p}$ vor —, ist die Höhe $H(x(\mathfrak{p}))$ unbeschränkt (Haupteigenschaft der Höhe; siehe [4], § 1). Auf Grund der Abschätzung (R) bekommt daher $|N(u_n(\mathfrak{p}))|$ beliebig kleine Werte, und da die Folge $u_n(\mathfrak{p})$ nach Konstruktion total-endlich-konvergent ist, folgt aus (R) in der Tat $N(u_n(\mathfrak{p})) \to 0$.

Beweis der Restabschätzung (R). Zunächst einige Vorbereitungen.

1. Im Hinblick auf

$$x \cong \frac{\mathfrak{x}}{\mathfrak{o}^2} \quad \text{mit } (\mathfrak{x}, \mathfrak{o}^2) = 1$$

hat man nach dem Hauptsatz für zahlnormierte Distributionen

$$x(\mathfrak{p}) = \frac{\mathfrak{x}(\mathfrak{p})}{\mathfrak{o}(\mathfrak{p})^2} \quad \text{mit } (\mathfrak{x}(\mathfrak{p}), \mathfrak{o}(\mathfrak{p})^2) \doteq 1.$$

Wegen der Quotientendarstellung stellt sich die Höhe von $x(\mathfrak{p})$ definitionsgemäß als

$$H(x(\mathfrak{p})) = \frac{N(\mathrm{Max}\,|\mathfrak{x}(\mathfrak{p})|, |\mathfrak{o}(\mathfrak{p})|^2)}{N(\mathfrak{x}(\mathfrak{p}), \mathfrak{o}(\mathfrak{p})^2)}$$

dar, wo die Norm im Zähler das Produkt über die sämtlichen archimedischen Bewertungen von Ω (mit den Vielfachheiten 1 oder 2, je nachdem reell oder komplex) bedeutet und im Nenner die Divisornorm des größten gemeinsamen Teilers gemeint ist. Wegen der Teilerfremdheit gilt für diese letztere Norm

$$N(\mathfrak{x}(\mathfrak{p}), \mathfrak{o}(\mathfrak{p})^2) \doteq 1.$$

Somit wird

$$\text{(1.)} \qquad H(x(\mathfrak{p})) \doteq N(\mathrm{Max}\,|\mathfrak{x}(\mathfrak{p})|, |\mathfrak{o}(\mathfrak{p})|^2),$$

eine Formel, die man auch von vornherein als Definition für die Höhe nehmen kann, wenn man auf die projektive Invarianz dieses Grundbegriffs keinen Wert legt.

2. Im Hinblick auf

$$y \simeq \frac{\mathfrak{y}}{\mathfrak{o}^3}$$

hat man weiter

$$y(\mathfrak{p}) = \frac{\mathfrak{y}(\mathfrak{p})}{\mathfrak{o}(\mathfrak{p})^3}.$$

Aus der dieser Quotientendarstellung entsprechenden homogenen Grundgleichung

$$\mathfrak{y}(\mathfrak{p})^2 = 4\,\mathfrak{x}(\mathfrak{p})^3 - g_2\,\mathfrak{x}(\mathfrak{p})\,(\mathfrak{o}(\mathfrak{p})^2)^2 - g_3\,(\mathfrak{o}(\mathfrak{p})^2)^3$$

folgt bei jeder archimedischen Bewertung von Ω die Abschätzung

$$\text{(2.)} \qquad |\mathfrak{y}(\mathfrak{p})| \mathrel{\dot{\leqq}} \operatorname{Max}\,(|\mathfrak{x}(\mathfrak{p})|,\ |\mathfrak{o}(\mathfrak{p})|^2)^{\frac{3}{2}}.$$

3. Ist schließlich

$$v_m \simeq \frac{\mathfrak{v}_m}{\mathfrak{o}^m}$$

irgendein Element aus dem Integritätsbereich $\Omega[x, y]$ mit dem Nenner $\mathfrak{o}^m$, so ist es durch die Potenzprodukte x^μ, $x^\nu y$ mit $2\mu \leqq m$, $2\nu + 3 \leqq m$ linear über Ω kombinierbar. Man hat dann wieder

$$v_m(\mathfrak{p}) = \frac{\mathfrak{v}_m(\mathfrak{p})}{\mathfrak{o}(\mathfrak{p})^m},$$

und durch dieser Quotientendarstellung entsprechende Homogenisierung eine lineare Darstellung von $\mathfrak{v}_m(\mathfrak{p})$ über Ω durch die Potenzprodukte

$$\mathfrak{x}(\mathfrak{p})^\mu \mathfrak{o}(\mathfrak{p})^\lambda,\ \mathfrak{x}(\mathfrak{p})^\nu \mathfrak{y}(\mathfrak{p})\,\mathfrak{o}(\mathfrak{p})^\lambda \quad \text{mit} \quad 2\mu + \lambda \leqq m,\ 2\nu + 3 + \lambda \leqq m.$$

Für diese Potenzprodukte gelten unter Beachtung von (2.) bei jeder archimedischen Bewertung von Ω die Abschätzungen

$$|\mathfrak{x}(\mathfrak{p})|^\mu\,|\mathfrak{o}(\mathfrak{p})^2|^{\frac{\lambda}{2}} \mathrel{\dot{\leqq}} \operatorname{Max}\,(|\mathfrak{x}(\mathfrak{p})|,\ |\mathfrak{o}(\mathfrak{p})|^2)^{\mu+\frac{\lambda}{2}} = \operatorname{Max}\,(|\mathfrak{x}(\mathfrak{p})|,\ |\mathfrak{o}(\mathfrak{p})|^2)^{\frac{m}{2}},$$

$$|\mathfrak{x}(\mathfrak{p})|^\nu\,|\mathfrak{y}(\mathfrak{p})|\,|\mathfrak{o}(\mathfrak{p})^2|^{\frac{\lambda}{2}} \mathrel{\dot{\leqq}} \operatorname{Max}\,(|\mathfrak{x}(\mathfrak{p})|,\ |\mathfrak{o}(\mathfrak{p})|^2)^{\nu+\frac{3}{2}+\frac{\lambda}{2}} = \operatorname{Max}\,(|\mathfrak{x}(\mathfrak{p})|,\ |\mathfrak{o}(\mathfrak{p})|^2)^{\frac{m}{2}}.$$

Aus der genannten linearen Darstellung von $\mathfrak{v}_m(\mathfrak{p})$ folgt mittels dieser Abschätzungen und unter Beachtung von (1.) durch Produktbildung die Normabschätzung

$$\text{(3.)} \qquad |N(\mathfrak{v}_m(\mathfrak{p}))| \mathrel{\dot{\leqq}} (H(x(\mathfrak{p})))^{\frac{m}{2}}.$$

Nach diesen Vorbereitungen erfolgt der Übergang von der obigen Normabschätzung (U) zu der behaupteten Konvergenzaussage mit Restabschätzung (R) in folgenden beiden Schritten:

Abschätzung des Nenners nach unten. Wegen der total-endlichen Konvergenz ist die Folge $x(\mathfrak{p})$ sicher total-beschränkt, also

$$|x(\mathfrak{p})| = \frac{|\mathfrak{x}(\mathfrak{p})|}{|\mathfrak{o}(\mathfrak{p})|^2} \mathrel{\dot{\leqq}} 1$$

bei jeder archimedischen Bewertung von Ω. Daraus folgt

$$|\mathfrak{o}(\mathfrak{p})|^2 \mathrel{\dot{\geqq}} |\mathfrak{x}(\mathfrak{p})|$$

und demnach

$$|\mathfrak{o}(\mathfrak{p})|^2 \doteq \operatorname{Max}\,(|\mathfrak{x}(\mathfrak{p})|,\ |\mathfrak{o}(\mathfrak{p})|^2).$$

Nach (1.) hat man daher durch Übergang zur Norm

$$|N(\mathfrak{o}(\mathfrak{p}))| \doteq (H(x(\mathfrak{p})))^{\frac{1}{2}}$$

und somit für den Nenner aus (U) die beiderseitige, also sicher untere Abschätzung

$$\text{(N)} \qquad |N(\mathfrak{o}(\mathfrak{p}))|^{n^2+1} \doteq (H(x(\mathfrak{p})))^{\frac{n^2+1}{2}}.$$

Abschätzung des Zählers nach oben. Man bestimme für jedes natürliche $m > 1$ zu der Divisorpotenz $\mathfrak{r}^{m-1}$ ein Element v_m aus $\Omega[x, y]$ vom Nenner $\mathfrak{o}^m$, indem man den Primdivisor ersten Grades $\mathfrak{q}_m$ von K/Ω durch die Äquivalenzbedingung $\frac{\mathfrak{r}^{m-1}\mathfrak{q}_m}{\mathfrak{o}^m} \sim 1$ festlegt und

$$v_m \cong \frac{\mathfrak{v}_m}{\mathfrak{o}^m} = \frac{\mathfrak{r}^{m-1}\mathfrak{q}_m}{\mathfrak{o}^m}$$

setzt. Nach (3.) hat man dann

$$|N(\mathfrak{v}_m(\mathfrak{p}))| = |N(\mathfrak{r}(\mathfrak{p}))|^{m-1}\,|N(\mathfrak{q}_m(\mathfrak{p}))| \mathrel{\dot{\leqq}} (H(x(\mathfrak{p})))^{\frac{m}{2}}.$$

Da nun im Hinblick auf die Ganzheit im Sinne $\doteq$ der Distribution $\mathfrak{q}_m(\mathfrak{p})$ gilt $|N(\mathfrak{q}_m(\mathfrak{p}))| \mathrel{\dot{\geqq}} 1$, folgt daraus weiter

$$|N(\mathfrak{r}(\mathfrak{p}))| \mathrel{\dot{\leqq}} (H(x(\mathfrak{p})))^{\frac{m}{2(m-1)}} = (H(x(\mathfrak{p}))^{\frac{1}{2}+\frac{1}{2(m-1)}}.$$

Weil hierin m beliebig groß wählbar ist, besagt das für den Zähler aus (U) die obere Abschätzung

$$\text{(Z)} \qquad |N(\mathfrak{r}(\mathfrak{p}))| \mathrel{\dot{\leqq}} (H(x(\mathfrak{p})))^{\frac{1}{2}+\varepsilon} \quad \text{für jedes } \varepsilon > 0.$$

Die Abschätzungen (N), (Z) zusammen ergeben die behauptete Konvergenzaussage mit Restabschätzung (R).

§ 6. Herleitung einer Approximationsaussage

Um von der Konvergenzaussage $N(u_n(\mathfrak{p})) \to 0$ mit der Restabschätzung (R) zu der gewünschten Approximationsaussage zu gelangen, sind zwei weitere Schritte zu vollziehen, nämlich die Auswahl einer bestimmten unter den archimedischen Bewertungen von Ω und die Auswahl eines bestimmten Linearfaktors $x - \alpha$ des durch u_n bestimmten Polynoms $N_{K/\Omega(x)}(u_n)$. Diese Auswahlen werden beidesmal mit dem Übergang von der bisherigen unendlichen Folge $\mathfrak{p}$ aus der Hauptforderung (a) zu einer geeigneten unendlichen Teilfolge $\mathfrak{p}$ verbunden sein.

1. *Auswahl einer archimedischen Bewertung.* Wie oben schon gesagt, ist

$$|N(u_n(\mathfrak{p}))| = \prod_{i=1}^{s} |u_n(\mathfrak{p})|_i^{e_i} \quad \text{mit} \left\{\begin{array}{l} e_i = 1 \text{ oder } 2 \\ \sum\limits_{i=1}^{s} e_i = k \end{array}\right\},$$

wo k den Grad von Ω und s die Anzahl der archimedischen Bewertungen (unendlichen Primstellen) von Ω bezeichnet. Durch die Auswahlvorschrift

$$\operatorname*{Min}_i |u_n(\mathfrak{p})|_i = |u_n(\mathfrak{p})|_{i(\mathfrak{p})}$$

werde nun für jedes $\mathfrak{p}$ der betrachteten unendlichen Folge $\mathfrak{p}$ ein Index $i(\mathfrak{p})$ aus der Reihe $1, \ldots, s$ festgelegt. Es gibt dann eine unendliche Teilfolge $\mathfrak{p}$, in der dieser Index $i(\mathfrak{p})$ durchweg denselben Wert hat. Damit hat man eine archimedische Bewertung von Ω — sie sei fortan mit $|\cdots|$ bezeichnet — und eine unendliche Teilfolge $\mathfrak{p}$ derart, daß in dieser durchweg

$|u_n(\mathfrak{p})|$ das Minimum ist. Bei Beschränkung auf diese Teilfolge $\mathfrak{p}$ folgt dann aus der Normabschätzung (R) die Einzelabschätzung

$$|u_n(\mathfrak{p})|^k \dot{\leqq} (H(x(\mathfrak{p})))^{-\frac{n^2}{2}+\varepsilon} \quad \text{für jedes } \varepsilon > 0,$$

oder also

$$(1.) \qquad |u_n(\mathfrak{p})| \dot{\leqq} (H(x(\mathfrak{p})))^{-\frac{n^2}{2k}+\varepsilon} \quad \text{für jedes } \varepsilon > 0.$$

2. *Auswahl eines Linearfaktors.* Es sei

$$u_n \cong \frac{\mathfrak{u}_n}{\mathfrak{o}^{n^2+1}} = \frac{\mathfrak{z}_n \mathfrak{r}}{\mathfrak{o}^{n^2+1}} = \prod_{i=1}^{n^2+1} \frac{\mathfrak{a}_i}{\mathfrak{o}}$$

die Primzerlegung von u_n in der algebraisch-abgeschlossenen Konstantenerweiterung $\overline{K}/\overline{\Omega}$ von K/Ω (siehe [5], § 1, 3), und es bezeichne u'_n und $\mathfrak{a}'_i$ die in bezug auf $\overline{\Omega}(x)$ konjugierten zu u_n und zu den auftretenden Primdivisoren ersten Grades $\mathfrak{a}_i$ von $\overline{K}/\overline{\Omega}$. Dann ist

$$N_{K/\Omega(x)}(u_n) = u_n u'_n \cong \prod_{i=1}^{n^2+1} (x - \alpha_i) \quad \text{mit} \quad x - \alpha_i \cong \frac{\mathfrak{a}_i \mathfrak{a}'_i}{\mathfrak{o}^2}$$

die Linearfaktorzerlegung des Polynoms $N_{K/\Omega(x)}(u_n)$ aus $\Omega[x]$. Man beachte dabei, daß die $\mathfrak{a}_i$ von $\mathfrak{o}$ verschieden sind, weil $\mathfrak{o}$ nach der Nebenforderung (b) nicht in $\mathfrak{u}_n$ aufgeht. Weil ferner nach dieser Forderung $\mathfrak{u}_n$ quadratfrei ist — darin steckt wesentlich die Quadratfreiheit von $\mathfrak{z}_n$ aus (A_n) —, sind die $\mathfrak{a}_i$ untereinander verschieden, so daß die Linearfaktoren $x - \alpha_i$ in $N_{K/\Omega(x)}(u_n)$ höchstens mit der Vielfachheit 2 vorkommen.

Da für das Element u'_n aus K wegen der Zugehörigkeit zu $\Omega[x, y]$ die Wertfolge $u'_n(\mathfrak{p})$ bei der ausgewählten archimedischen Bewertung von Ω konvergiert, also sicher beschränkt ist:

$$|u'_n(\mathfrak{p})| \dot{\leqq} 1,$$

ergibt sich nun aus der Abschätzung (1.) für u_n auch für $N_{K/\Omega(x)}(u_n) = u_n u'_n$ die Abschätzung

$$|N_{K/\Omega(x)}(u_n)| \doteq \prod_{i=1}^{n^2+1} |x(\mathfrak{p}) - \alpha_i| \dot{\leqq} (H(x(\mathfrak{p})))^{-\frac{n^2}{2k}+\varepsilon} \quad \text{für jedes } \varepsilon > 0,$$

wobei für die Linearfaktoren irgendeine feste Fortsetzung der ausgewählten Bewertung von Ω auf den Wurzelkörper $\prod_{i=1}^{n^2+1} \Omega(\alpha_i)$ von $N_{K/\Omega(x)}(u_n)$ gemeint ist. Auf Grund der Auswahlvorschrift

$$\operatorname*{Min}_i |x(\mathfrak{p}) - \alpha_i| = |x(\mathfrak{p}) - \alpha_{i(\mathfrak{p})}|$$

folgt dann wie vorher die Existenz eines unter den Linearfaktoren $x - \alpha_i$ — er sei mit $x - \alpha$ bezeichnet — und einer unendlichen Teilfolge $\mathfrak{p}$ derart, daß in dieser durchweg $|x(\mathfrak{p}) - \alpha|$ das Minimum ist. Bei Beschränkung auf diese Teilfolge $\mathfrak{p}$ gilt bei der festgelegten Bewertung zunächst die Grenzbeziehung $x(\mathfrak{p}) - \alpha \to 0$. Da nun der Linearfaktor $x - \alpha$ in $N_{K/\Omega(x)}(u_n)$ höchstens mit der Vielfachheit 2 vorkommt, und da für die übrigen Linearfaktoren $x - \alpha_i$ wegen jener Grenzbeziehung $x(\mathfrak{p}) - \alpha_i \to \alpha - \alpha_i \neq 0$ und daher sicher

$$|x(\mathfrak{p}) - \alpha_i| \dot{\geqq} 1 \quad \text{für} \quad \alpha_i \neq \alpha$$

gilt, ergibt sich weiter für jene Grenzbeziehung die Restabschätzung[1]

$$(2.) \qquad |x(\mathfrak{p}) - \alpha| \dot{\leqq} (H(x(\mathfrak{p})))^{-\frac{n^2}{4k}+\varepsilon} \quad \text{für jedes } \varepsilon > 0.$$

[1] Des Interesses halber sei angemerkt, daß man diese Restabschätzung auch mit dem schärferen, ursprünglichen Exponenten $-\frac{n^2}{2k}+\varepsilon$ erhalten kann, indem man an Stelle von $N_{K/\Omega(x)}(u_n)$ das kleinste Vielfache in $\Omega[x]$ des Elements u_n aus $\Omega[x, y]$ verwendet, das ja nur einfache Linearfaktoren hat.

3. *Gradabschätzung.* Nachdem so eine mit dem Thue-Siegelschen Satz gegenüberstellbare Approximationsaussage gewonnen ist, bleibt im Hinblick auf den in diesen Satz eingehenden Relativgrad r der approximierten algebraischen Zahl α über Ω noch übrig, eine Aussage über diesen Relativgrad zu machen, und zwar wird es genügen, eine obere Abschätzung von r anzugeben.

Das Polynom $N_{K/\Omega(x)}(u_n)$ über Ω, unter dessen Wurzeln α ausgewählt wurde, hat nach Konstruktion den Grad n^2+1. Da aber dem Zählerprimdivisor ersten Grades $\mathfrak{r}$ von u_n entsprechend mindestens ein Linearfaktor aus $\Omega[x]$ vorhanden ist, ergibt sich für den Relativgrad r von α über Ω sogar die etwas bessere Abschätzung

$$r \leqq n^2. \tag{3.}$$

4. *Zusammenfassung.* Abschließend ist nach den Ergebnissen (2.), (3.) das gewünschte Ziel in Gestalt der folgenden Aussage erreicht:

Approximationsaussage. *Unter der Annahme* (A_1) *gibt es für jede natürliche Zahl n und jedes $\varepsilon > 0$*

eine algebraische Zahl α von einem Relativgrad $r \leqq n^2$ über Ω,
eine archimedische Bewertung $|\cdots|$ des Körpers $\Omega(\alpha)$,
eine unendliche Folge von Zahlen ξ aus Ω

derart, daß die Abschätzung[1]

$$|\xi - \alpha| \leqq C_n(\varepsilon)\,(H(\xi))^{-\left(\frac{n^2}{4k}-\varepsilon\right)}$$

mit einer nur von n, ε, nicht von ξ abhängigen positiven Konstanten $C_n(\varepsilon)$ besteht, wo k der Grad von Ω ist.

§ 7. Gegenüberstellung der Approximationsaussage mit dem Thue-Siegelschen Satz

Nach dem Thue-Siegelschen Satz kann eine Approximationsaussage der unter Annahme (A_1) gewonnenen Art nur dann bestehen, wenn der in ihr auftretende Exponent $\frac{n^2}{4k} - \varepsilon$ nicht zu groß ist, nämlich der Ungleichung

$$\frac{n^2}{4k} - \varepsilon \leqq \underset{\varrho=0,1,\ldots,r-1}{\mathrm{Min}} \left(\varrho + \frac{kr}{\varrho+1}\right)$$

genügt.

Für kontinuierlich veränderliches ϱ liegt das hier auftretende Minimum bei $\varrho + 1 = \sqrt{kr}$ vor. Ist $r \geqq k$, also $\sqrt{kr} \leqq r$, so ist die ganze rationale Zahl ϱ_0 mit

$$\varrho_0 < \sqrt{kr} \leqq \varrho_0 + 1$$

im Konkurrenzbereich des diskontinuierlichen Minimums gelegen, liefert also für dieses Minimum die obere Abschätzung

$$\mathrm{Min} \leqq \varrho_0 + \frac{kr}{\varrho_0+1} < \sqrt{kr} + \frac{kr}{\sqrt{kr}} = 2\sqrt{kr} \quad \text{für} \quad r \geqq k.$$

Ist dagegen $r < k$, also $\sqrt{kr} > r$, so wird das diskontinuierliche Minimum für $\varrho = r-1$ angenommen; es ist also

$$\mathrm{Min} = r - 1 + k \quad \text{für} \quad r < k.$$

---

[1] Vgl. die vorige Anmerkung.

Auf die oben erhaltene Ungleichung angewendet, ergeben diese Feststellungen, daß die Zahlen n, k, r unter der Annahme (A_1) notwendig den Ungleichungen

$$\frac{n^2}{4k} - \varepsilon < 2\sqrt{kr} \qquad \text{für} \quad r \geqq k,$$

$$\frac{n^2}{4k} - \varepsilon \leqq r - 1 + k \quad \text{für} \quad r < k$$

genügen. Hierin kann erstens das willkürliche $\varepsilon > 0$ weggelassen werden, wenn man in der ersteren Ungleichung die Gleichheit mit einschließt. Zweitens werde in der ersteren Ungleichung die Abschätzung $r \leqq n^2$ aus der Approximationsaussage und in der letzteren Ungleichung die triviale Abschätzung $r \leqq k - 1$ hinzugenommen. So ergeben sich als Folge aus der Annahme (A_1) für die Zahlen n, k, r die beiden Ungleichungsfolgen:

(1.) $$\frac{n^2}{4k} \leqq 2\sqrt{kr} \leqq 2\sqrt{k}\, n \qquad \text{für} \quad r \geqq k,$$

(2.) $$\frac{n^2}{4k} \leqq r - 1 + k \leqq 2(k-1) \quad \text{für} \quad r < k.$$

Diese beiden Ungleichungsfolgen führen aber zu einem Widerspruch, wenn man die bisher feste natürliche Zahl n hinreichend groß wählt. Nach (2.) ist nämlich für $n^2 > 8k(k-1)$ notwendig $r \geqq k$, so daß (1.) gilt, und dies ist für $n > 8k\sqrt{k}$ nicht der Fall[1].

[1] Auf Grund der beiden vorigen Anmerkungen können die zum Widerspruch führenden Schranken für n^2 bzw. n mit dem Faktor 4 statt 8 geschrieben werden.

Literaturverzeichnis

1] *Mordell, L. J.*, On the rational solutions of the indeterminate equations of the third and fourth degree. Proc. Cambridge Philos. Soc. **21** (1922), pt. 3, 179—192.

[2] *Weil, A.*, L'arithmétique sur les courbes algébriques. Acta math. **52** (1928), 1—35.

[3] *Siegel, C. L.*, Über einige Anwendungen diophantischer Approximationen. Abh. Preuß. Akad. d. Wiss. 1929. Phys.-Math. Kl. Nr. 1, Berlin 1930.

[4] *Hasse, H.*, Simultane Approximation algebraischer Zahlen durch algebraische Zahlen. Monatsh. Math. Phys. **48** (1939), 205—225.

[5] *Hasse, H.*, Zur arithmetischen Theorie der algebraischen Funktionenkörper. Jahresber. Deutsche Math.-Ver. **52** (1942), 1—48.

[6] *Hasse, H.*, Der *n*-Teilungskörper eines abstrakten elliptischen Funktionenkörpers als Klassenkörper, nebst Anwendung auf den Mordell-Weilschen Endlichkeitssatz. Math. Zeitschr. **48** (1942), 48—66.

[7] *van der Waerden, B. L.*, Divisorenklassen in algebraischen Funktionenkörpern. Comment. math. Helvet. **20** (1947), 68—80.

[8] *Northcott, D. G.*, An inequality in the theory of arithmetic on an algebraic curve. Proc. Cambridge Philos. Soc. **45** (1948), pt. 4, 502—509.

Berichtigungen zur Abhandlung

„Allgemeine Theorie der Gaußschen Summen in algebraischen Zahlkörpern"

Klasse für Mathematik und allgemeine Naturwissenschaften,

Jahrgang 1951, Nr. 1

Seite 7, Zeile 10	von unten	lies	$x \equiv 0 \bmod^{+} c^{-1}\mathfrak{a}$ mit lateinischem c.
Seite 17, Zeile 15—16	von oben	streiche	„System . . . also".
Zeile 18	von oben	lies	$x \equiv \sum_{i} x_i \mathfrak{l}_i \bmod \mathfrak{m}$.
Zeile 7	von unten	lies	$n_i \equiv n \bmod^{+} \frac{\tilde{\mathfrak{l}}}{\mathfrak{m} : \mathfrak{m}_i}$.
Seite 18, Zeile 12	von oben	desgl.	
Zeile 10	von oben	lies	$n_i \simeq \tilde{\mathfrak{l}} \frac{\mathfrak{n}_i}{\mathfrak{m}_i}$.

Kolibri 360 GmbH
Ferdinand-Jühlke-Straße 7
99095 Erfurt, Deutschland
produktsicherheit@kolibri360.de